BEI GRIN MACHT SICH IHR WISSEN BEZAHLT

- Wir veröffentlichen Ihre Hausarbeit, Bachelor- und Masterarbeit

- Ihr eigenes eBook und Buch - weltweit in allen wichtigen Shops

- Verdienen Sie an jedem Verkauf

Jetzt bei www.GRIN.com hochladen und kostenlos publizieren

GRIN

David Rose

Erprobung eines Lerntagebuchs zur Förderung individuellen Übens

Dargestellt am Thema "proportionale und antiproportionale Modelle" einer siebten Jahrgangsstufe (Gesamtschule)

GRIN Verlag

Bibliografische Information der Deutschen Nationalbibliothek:

Die Deutsche Bibliothek verzeichnet diese Publikation in der Deutschen National-
bibliografie; detaillierte bibliografische Daten sind im Internet über http://dnb.d-
nb.de/ abrufbar.

Impressum:

Copyright © 2011 GRIN Verlag GmbH
Druck und Bindung: Books on Demand GmbH, Norderstedt Germany
ISBN: 978-3-656-09742-6

Dieses Buch bei GRIN:

http://www.grin.com/de/e-book/184926/erprobung-eines-lerntagebuchs-zur-foer-
derung-individuellen-uebens

GRIN - Your knowledge has value

Der GRIN Verlag publiziert seit 1998 wissenschaftliche Arbeiten von Studenten, Hochschullehrern und anderen Akademikern als eBook und gedrucktes Buch. Die Verlagswebsite www.grin.com ist die ideale Plattform zur Veröffentlichung von Hausarbeiten, Abschlussarbeiten, wissenschaftlichen Aufsätzen, Dissertationen und Fachbüchern.

Besuchen Sie uns im Internet:

http://www.grin.com/

http://www.facebook.com/grincom

http://www.twitter.com/grin_com

Inhaltsverzeichnis

David Rose

1. Einleitung

Bevor ich mich entschloss, ein Lerntagebuch in meinem Mathematikunterricht einzusetzen, recherchierte ich zunächst nach geeigneter Literatur und stieß auf einen pädagogischen Fachartikel. Darin bezeichnet FEUSER (2005) die Reflexion des eigenen Lernprozesses als einen wichtigen Schritt, um „zu wissen, wie man besser und selbstständiger lernen kann."[1] Durch ein Lerntagebuch, ein Instrument der individuellen Dokumentation im Unterricht, soll seiner Meinung nach genau diese Reflexion festgehalten werden.

Ich habe mich für das Lerntagebuch entschieden, da es das Potential in sich trägt, Lernprozesse methodisch zu reflektieren, und so Schülern[2] helfen kann, eigene Stärken und Schwächen zu veranschaulichen. Ich erkannte aus meiner Unterrichtspraxis, dass ich eine Lernmethode einsetzen möchte, die das individuelle Üben in den Übungsphasen des Mathematikunterrichts stärker fördert und das Nachdenken über den eigenen Lernprozess anspricht.

Es ergeben sich mehrere Fragen, die ich versuchen werde mit dieser Arbeit zu beantworten. Stellt das Lerntagebuch eine geeignete Methode dar, um das individuelle Üben zu fördern? Welche Funktion weist das Lerntagebuch im Unterricht auf? Was versteht man unter dem Begriff „Üben" im Allgemeinen? Kann das individuelle Üben durch eine Vor-/ und Nacharbeit unterstützt werden, indem die Schüler über ihre Lernprozesse nachdenken? Dokumentieren die Schüler regelmäßig ihre Lösungswege in einem Lerntagebuch? Können Förderimpulse das individuelle Üben im Mathematikunterricht begünstigen?

Im Kern wird sich diese vorliegende Zweite Staatsexamsarbeit mit dem Thema der „Erprobung eines Lerntagebuchs zur Förderung individuellen Übens, dargestellt am Thema 'proportionale und antiproportionale Modelle' einer siebten Jahrgangsstufe der Kopernikus-Schule (Gesamtschule)" befassen. Dabei werde ich im Besonderen auf folgende Fragestellung eingehen:

Kann durch den Einsatz eines Lerntagebuchs das individuelle Üben im Mathematikunterricht gefördert werden, um eine fachliche Kompetenzentwicklung zu erzielen?

Im weiteren Verlauf dieser Arbeit stelle ich den Begriff „Üben" vor. Dabei werde ich auf die Formen und Formate des Übens eingehen.

---

[1]   Aus: [Feuser, 2005; S.12]
[2]   Zur besseren Lesbarkeit wird im Folgenden nur die männliche Form verwendet. Es sind in jeder Form auch die Schülerin/ Schülerinnen gemeint.

Anschließend beschreibe ich die Förderung individuellen Übens. Des Weiteren möchte ich den Einsatz, die wichtigsten Funktionen und die Relevanz von Lerntagebüchern im Mathematikunterricht herausarbeiten. Nachdem der theoretische Teil abgeschlossen ist, werde ich schließlich zu meiner unterrichtspraktischen Umsetzung eines Lerntagebuchs kommen.

2. Theoretische Grundlagen

2.1. Üben

Das Üben ist stark mit dem aktiven Prozess des Lernens verknüpft. Wie das Lernen wird auch das Üben seit längerer Zeit in den didaktischen Konzeptionen diskutiert. LORENZ & PIETZSCH (1975) formulierten das Konzept des „Festigens" und unterteilten in die Begriffe Wiederholen, Üben (im Sinne der Entwicklung von Fertigkeiten), Vertiefen und Anwenden.[3] Im Allgemeinen wird das Üben als eine wiederholende Handlung verstanden, um bestehende Fertigkeiten zu erhalten, weiterzuentwickeln und zu festigen.

Nach MEYER (1987, S.168) „setzt das Üben nicht zwangsläufig die Motivation und Konzentration [der Schüler] voraus. Es kann umgekehrt dazu beitragen, diese Konzentration und Motivation herzustellen."[4] Das Üben kann somit den Lernprozess der Schüler durch ihre eigene Einsicht und umgekehrt beeinflussen.

Um welche Lernziele handelt es sich hierbei konkret für den Unterricht? Das kognitive Lernziel beim Üben liegt in der Beherrschung von Verfahren. Um inhaltliche und formale Verfahren zu beherrschen, muss die Bereitschaft zum Verstehen - um häufig Üben und Wiederholen zu können - gegeben sein. Die affektiven Lernziele sind mit den kognitiven Lernzielen eng verknüpft (Lernzielbereiche nach Bloom).[5]

In der Literatur wird grob zwischen zwei Übungsformen und weiteren Mischformen (Übungsformaten) unterschieden. Zunächst stelle ich die beiden Übungsformen vor.

2.1.1. Formen des Übens

Die zwei wesentlichsten Übungsformen sind zum Einen das *automatisierende Üben* (Automatisierung von Fertigkeiten) und zum Anderen das *operative Üben* (Verinnerlichung von Kenntnissen).

---

[3] Vgl.: [Bruder, 2008; S.4]
[4] Aus: [Bruder, 2008; S.4]
[5] Aufzeichnungen aus dem Fachseminar Mathematik: Taxonomie und Operationalisierung mathematischer Ziele

Unter dem automatisierenden Üben wird eine „automatische" Beherrschung eines Verfahrens verstanden, auf das man schnell und sicher zurückgreifen und gegebenenfalls auf komplexere Aufgaben übersetzen kann. Als Beispiel kann hier die Beherrschung des kleinen Einmaleins genannt werden. Es entsteht eine Einsicht in einen Sachverhalt, die nicht immer neu hinterfragt werden muss. Die einheitliche Vorgehensweise des automatisierenden Übens kann jedoch auch zu Fehlern und mitunter zu Langeweile führen, da diese Form des Übens nicht über die Flexibilität anderer Übungsformate verfügt. Es wird überwiegend an Routineaufgaben geübt, die im Mathematikunterricht auch als Päckchen- oder Plantagenaufgaben wiederzufinden sind. [6]

„Die Forderung nach verständnisförderndem Üben, auch bei zu automatisierenden Fertigkeiten, hat einen gewichtigen Grund: Ein Üben, bei dem sich dem Üben der Sinn des eigenen Tuns erschließt, ist motivierender, effektiver und nachhaltiger als ein mechanisches Einüben." [7] Der Begriff des operativen Übens geht auf Aebli und Fricke zurück. Dabei liegt der Schwerpunkt darin, Zusammenhänge zu erkennen. „Auf der Ebene von Aufgaben bedeutet dies u. a. das Herstellen, Erkennen und Anwenden vielfältiger Beziehungen, Abhängigkeiten und Zusammenhänge." [8] Sogenannte „Wissensnetze" erlauben die zur Improvisation und Kombination vorhandener Wissensbeständen.

Aebli spricht auch vom *operativen Durcharbeiten*. Es handelt sich hierbei um ein variables, sinnbezogenes Üben, das der Vertiefung des Verständnisses dient. Anders als bei dem automatisierenden Üben findet hier ein flexibles Denken statt. Dazu können mathematische Denkoperationen, operative Veranschaulichungsmittel oder praktische Handlungen im Unterricht eingesetzt werden. [9]

2.1.2. Übungsformate

Die folgenden Übungsformate lassen sich untereinander nicht klar trennen. Dies führt teilweise zu Überschneidungen der jeweiligen Formate. Der Grund dafür liegt in der Schwerpunktsetzung der Förderung des Lernprozesses. Im Laufe der Zeit haben sich verschiedene pädagogische Ansichten entwickelt, um den Lernprozess der Schüler zu unterstützen.

Die folgenden dargestellten Übungsformate orientieren sich an dem pädagogischen Fachartikel „Mathematik lehren" zum Thema „Üben mit Konzept" von Regina Bruder. [10]

---

[6] Vgl.: [Padberg, 1992; S.263f]
[7] Aus: [Büchter, 2005; S.143]
[8] Vgl.: [Padberg, 1992; S.265]

[9] Aufzeichnungen aus dem Fachseminar Mathematik: Operative Methoden von Aebli
[10] Vgl.: [Bruder, 2008; S.5f]

Durch fachdidaktische Analysen von WINTER (1984) und WITTMANN (1989) wurde die Perspektive verstärkt auf den Sinn und die Funktion des Übens gerichtet. Dabei ist es wichtig, wie im Unterricht geübt wird. „Im Unterricht sollte „entdeckend geübt und übend entdeckt" werden."[11] So wird das Üben an sich produktiv. Es können eigene konkrete Erfahrungen gesammelt werden, die die Eigenaktivität und die Aufmerksamkeit des Übenden steigern.

Diese Grundpfeiler bilden die wichtigste Voraussetzungen für produktives, entdeckendes Üben. In der Literatur wird auch vom aktiven – entdeckenden – Üben gesprochen. Kennzeichnend für dieses Übungsformat sind differenzierte Aufgabenstellungen, die problemorientiert verlaufen. Es werden Denkstrategien gefördert, die über einfach strukturierte Rechenfertigkeiten hinausgehen. Es sollen Zusammenhänge geschaffen und Kenntnisse vernetzt werden.

Oft wird auch vom intelligenten Üben gesprochen. Eine entsprechende Lernumgebung wird für die Schüler bereitgestellt, in der Grundlagen in komplexen Anwendungen wiederholt und geübt werden können. Die Schüler wissen, wie im Unterricht geübt wird. Dabei soll das Verständnis vertieft und mathematische Zusammenhänge sollen anhand gestufter Aufgabenfolgen entwickelt werden. Beim intelligenten Üben wird auf den individuellen Lernstand des Schülers eingegangen und Übungskompetenzen werden aufgebaut. Dazu gehört, vereinbarte Regeln in den Übungsphasen einzuhalten, um eine angemessene Arbeitsatmosphäre zu schaffen, und Lernstörungen zu vermeiden.

Abschließend ist das reflektierte Üben zu nennen. „Auch das Format der reflektierenden Übung greift Aspekte des intelligenten und produktiven Übens auf, fokussiert jedoch in eine bestimmte Richtung: Übungseffekte sollen für Schüler und Lehrer im Lernprozess transparent sein."[12] Die Übungsziele sind klar im Unterrichtsgeschehen gegliedert. Es soll über die gestellte Mathematikaufgabe verstärkt nachgedacht werden. *Ein Beispiel: „Wie kann man eine dargestellte Rechnung so verändern, dass das Ergebnis der Aufgabe unverändert bleibt?"* Ferne sollen die Schüler bewusster über die Aufgaben reflektieren. *Ein Beispiel: „Was habe ich beim Lösen der Aufgabe nicht verstanden?"* Dieses Übungsformat kann in Lernmethoden des Freiarbeitens oder beim Einsatz eines Lerntagebuchs angewendet werden. Anhand geeigneter Aufgabentypen und Selbsteinschätzungsbögen können die Schüler ihren Lernprozess eigenverantwortlich übernehmen.

Im folgenden Abschnitt stelle ich die wichtigsten Aspekte zusammen, was unter individuellem Üben verstanden wird. Der Schwerpunkt liegt auf der Förderung.

---

[11] Aus: [Bruder, 2008; S.4]
[12] Aus: [Bruder, 2008; S.8]

2.1.3. Individuelles Üben fördern

Eines der Kernelemente der Bildungsstandards der Kultusministerkonferenz (KMK 2003) lautet, dass jeder einzelne Schüler und sein individueller Lernprozesse im Mittelpunkt des Unterrichts stehen.[13] Um höhere Leistungen und Lernfortschritte zu ermöglichen, sollen diese erkannt und gefördert werden.

Was wird unter individuellem Üben verstanden und wie lässt es sich fördern? Das individuelle Üben vereint größtenteils die Eigenschaften des reflektierten und intelligenten Übens. In der Literatur finden sich zu diesem Übungsformat keine genaueren Definitionen. Bei meinen Recherchen wurde das individuelle Üben als eine Mischform des Übens bezeichnet. Die wichtigsten Aspekte des individuellen Übens für meine Arbeit stelle ich im Folgenden dar.

Der Begriff „individuell" bezieht sich auf den individuellen Lernstand. Um das individuelle Üben in den Übungsphasen zu fördern, müssen Kompetenzstufen festgelegt werden, die die Schüler während der Lerneinheit erzielen können. Da in einer heterogenen Lerngruppe unterschiedliche Leistungsspektren vorherrschend sind, können nicht alle Schüler dieselbe Kompetenzstufe erreichen. Dies soll aber auch nicht das Ziel des individuellen Übens sein. Vielmehr geht es darum, dass eine individuelle Kompetenzentwicklung auf der Verständnisgrundlage jedes einzelnen Schülers angestrebt wird. Um dies zu gewährleisten, muss festgestellt werden, an welcher Stelle sich der jeweilige Schüler befindet.

Durch einen Eingangstest können die vorhandenen Fertigkeiten zu Beginn der Lerneinheit festgestellt werden. Die Ergebnisse sind für den Lehrer gedacht, mit denen er diskret umgeht. Es soll anschließend kein Auswertungsgespräch im Klassenplenum stattfinden, sondern jedem einzelnen Schüler ein Förderimpuls gegeben werden. Unter diesem Förderimpuls verstehe ich, dass dem Schüler mitgeteilt werden soll, wo er steht und welche Übungsaufgaben geeignet sind, um seine Kompetenzen weiterzuentwickeln.

Davon ausgehend üben die Schüler individuell an geeignetem Übungsmaterial und schätzen nach einer Übungsphase ihren Lernerfolg ein. Dabei sollen sie ihre Stärken und Schwächen genauer erkennen und einschätzen können. Wann immer es möglich ist, sollen die geübten Fertigkeiten und die angewendeten Verfahren reflektiert werden. Dazu wird den Schülern das Lerntagebuch helfen, welches ich ab Kapitel 2.2 konkret vorstellen werde.

---

[13] Aus: [KMK(1), 2003; S.9)

Des Weiteren sollen die Schüler die Möglichkeit bekommen, sich eigenständig Hilfestellungen einzuholen. Dabei können die Mathematikbücher und/oder -hefter genutzt werden. Der Lehrer[14] soll sich beim individuellen Üben in den Übungsphasen des Mathematikunterrichts herausnehmen und die Schüler üben lassen.

Durch diese Aspekte lassen sich individuelles und zugleich kompetenzorientiertes Üben fördern. Hiermit endet der theoretische Teil des „Übens". Im weiteren Abschnitt beschreibe ich das Lerntagebuch.

2.2. Das Lerntagebuch

In der Literatur findeen sich zahlreiche Bezeichnungen für den Begriff „Lerntagebuch". Bis zu diesem Zeitpunkt meiner Ausbildung habe ich den Begriff „Lerntagebuch" unter anderen verwandten Begriffen wie Lernlogbuch, Reisetagebuch oder Forschungsheft kennengelernt.

Der Einsatz des ersten Lerntagebuchs im Mathematikunterricht ist auf zwei Schweizer Lehrer und Wissenschaftler, RUF & GALLIN, zurückzuführen. RUF & GALLIN nutzen in ihrem eigenen Unterricht „sogenannte Reisetagebücher im Rahmen ihres dialogischen und Fächer übergreifenden Unterrichtskonzepts der Sekundarstufe I und der Primarstufe."[15] Dabei ersetzt das Reisetagebuch eins oder mehrere Schülerhefte fächerübergreifend. Individuelle Rückmeldungen, Schüleraufzeichnungen und Ideenskizzen lassen sich darin von allen Fächern finden. Man „reist" mit diesem Schülerheft von Fach zu Fach.

Wie der Name „Lerntagebuch" bereits andeutet, handelt es sich hierbei um ein mehr oder minder vertrauliches Dokument, in dem Schüler offen ihre persönlichen Lern(miss)-erfolge dokumentieren.

LEUDERS (2007) aus der Mathematikdidaktik: „In einem Lerntagebuch dokumentieren und reflektieren Schülerinnen und Schüler ihre individuellen Lernprozesse in eigenen Worten. Sie halten alle Aspekte ihrer Arbeit (Ideen, Aha-Erlebnisse, Fehler, Gefühle usw.) fest. Das Lerntagebuch ist damit ein langfristiger und dauerhafter Lernbegleiter."[16] Durch die Arbeit mit dem Lerntagebuch können die Schüler ihren Lernerfolg selbstständig kontrollieren und steuern.

---

[14] Zur besseren Lesbarkeit wird im Folgenden dieser Arbeit nur die männliche Form verwendet. Es sind in jeder Form auch die Lehrerin/Lehrerinnen gemeint.
[15] Aus: [Merziger, 2007; S. 76]
[16] Aus: [Barzel, 2007; S. 130]

David Rose

Durch die Reflexion von Lernprozessen werden neue Denkstrategien gefördert und die Fähigkeit gebildet, das eigene Lernhandeln eigenständig zu führen.[17]

2.2.1. Einsatz eines Lerntagebuchs

Der Einsatz von Lerntagebüchern gestaltet sich als sehr facettenreich. Im Allgemeinen unterscheidet man hierbei unter Funktion, Form wie individueller Zielsetzung. Der Lehrer entscheidet selbst, welche Funktion des Lerntagebuches für seine Schüler am nützlichsten ist. Gerade im Fach Mathematik ist es schwer einzuschätzen, weshalb manche Themen für Schüler leicht verständlich und andere wiederum problematischer sind. Gedankengänge können nur anhand des mathematischen Vorgehens des Schülers nachvollzogen werden. Durch den Einsatz eines Lerntagebuches kann genauer abgeleitet werden, wo Schwierigkeiten wurzeln. Das kann dem Lehrer helfen, differenzierter auf seine Schüler einzugehen und gezieltere Hilfestellungen (Förderimpulse) anzubieten.

Gerade jüngere Schüler sind mit einer unspezifischen Selbstreflexion oft überfordert. Deshalb ist es sinnvoll, vorstrukturierte Lerntagebücher zu verwenden. So können Selbstevaluationen in Tabellen festgehalten werden, die beispielsweise Fragen beinhalten. Es besteht auch die Möglichkeit, Satzanfänge anzubieten, die von Schülern vervollständigt werden. Diese Strukturierungen dienen als Orientierung und Stütze. Falls die Schüler eine formlose Variante bevorzugen, können diese unterstützenden Hinweise auch weggelassen werden. Die Schüler nutzen dabei die Möglichkeit, ihre Erfahrungen, Schwierigkeiten und Erfolgserlebnisse wesentlich freier festhalten zu können.

Die führende Meinung von Autoren[18], die sich mit dem Thema des Lerntagebuchs auseinandergesetzt haben, geht dahin, eine Bewertung durch Noten für unangemessen zu betrachten. Falls eine Beurteilung vorgenommen wird, sollte diese unterstützend und motivierend geschehen. Die Lernbereitschaft der Schüler kann dadurch gesteigert werden.

In den meisten Fällen profitieren die Schüler mehr von einem persönlichen Auswertungsgespräch als von zahlreichen roten Randnotizen.

2.2.2. Relevanz eines Lerntagebuchs im Mathematikunterricht

Aus dem Rahmenlehrplan für Mathematik wird der Begriff „Lerntagebuch" nicht deutlich benannt.

---

[17] Vgl.: [Feuser, 2005; S.12]
[18] Als Autoren sind hier Merziger (2007) und Fabricius (2009) zu nennen.

Vielmehr wird diese Lernmethode als Form individuellen Lernens umschrieben: „[...] Beim Lernen konstruiert jede/r Einzelne ein für sich selbst bedeutsames Abbild der Wirklichkeit auf der Grundlage ihres/seines individuellen Wissens und Könnens sowie ihrer/seiner Erfahrungen und Einstellungen. Diese Tatsache bedingt eine Lernkultur, in der sich Schülerinnen und Schüler ihrer eigenen Lernwege bewusst werden, diese weiterentwickeln sowie unterschiedliche Lösungen reflektieren und selbstständig Entscheidungen treffen [...]."[19]

Durch das Ausprobieren eigener Lernwege können sich unterschiedliche Fehler beim Lösen von Aufgaben ergeben. Dabei sollte den Schülern beim Einsatz von Lerntagebüchern im Unterricht die Sicherheit vermittelt werden, dass mit Fehlern konstruktiv umgegangen wird. Diese produktiven Bestandteile sind für die Arbeit mit dem Lerntagebuch unabdingbar. Die Schüler dürfen Fehler bei der Bearbeitung von Aufgaben machen, um nachträglich darüber nachzudenken.

Ferne untersuchte MEZIGER (2007) in ihrer Studie „Einsatz von Lerntagebüchern im Mathematikunterricht" die Tätigkeit des Schreibens beim Mathematiklernen. Durch das gründliche Durchdringen und Aufnehmen mathematischer Lerngegenstände soll der Verstehensprozess unterstützt werden. Beim Lösen von Aufgaben können bedeutsame gedankliche Schritte in einem Lerntagebuch festgehalten werden. Das schult das mathematische Wissen und das Verständnis mathematischer Sachverhalte.[20]

Hiermit enden die theoretischen Grundlagen. Im weiteren Verlauf komme ich zu meiner unterrichtspraktischen Umsetzung.

3. Unterrichtspraktische Umsetzung eines Lerntagebuchs

3.1. Ausgangslage

Um meine unterrichtspraktische Umsetzung eines Lerntagebuchs im Mathematikunterricht darstellen zu können, möchte ich zunächst die Lernsituation meiner siebten Mathematikklasse vorstellen. Anschließend werde ich die durchgeführte Lerneinheit in den Rahmenlehrplan einordnen und zur Planung überleiten.

3.1.1. Lernsituation in der Klasse

---

[19] Aus: [RLP, 2006; S.6]
[20] Vgl.: [Merziger, 2007; S. 77]

Die siebte Mathematikklasse der Kopernikus-Schule (Gesamtschule) übernahm ich zum Schulhalbjahr des laufenden Schuljahres 2011/12. In diesem Mathematikkurs lernen 18 Schüler (elf Jungen und sieben Mädchen). Dieser Mathematikkurs wird auch als GA-Mathematikkurs bezeichnet. Das „GA" steht für grundlegende Fähigkeiten, Fertigkeiten und Kenntnisse aufbauen. Ohne diese Differenzierung lernen in dieser Klasse insgesamt 25 Schüler. Eine Leistungsdifferenzierung erfolgte nach dem ersten Schulhalbjahr, nachdem insgesamt sieben Schüler in einen höheren Kurs gewechselt haben.

Im o. g. GA-Kurs unterrichte ich selbstständig das Fach Mathematik. Durch den Einsatz verschiedener Unterrichtsmethoden[21] in den Übungsphasen habe ich festgestellt, dass einzelne Schüler die Verantwortung für die Lösung gestellter Mathematikaufgaben in einer Gruppe übernahmen. Die anderen Gruppenmitglieder nutzten nur teilweise die Möglichkeit, selbstständig über ihren Lernprozess nachzudenken. Sie ließen sich eher von den Überlegungen eines Schülers leiten.

Durch gezielte Aufforderungen, selbstständig über das mathematische Problem nachzudenken, wurde mit einem Missvertrauen in die eigenen Fähigkeiten und Fertigkeiten argumentiert. Nach dem Motto: *„Ich kann das sowieso nicht! Wenn ich mir das von jemanden vorrechnen lasse, begreife ich das schon irgendwie von alleine." (Schüler P. aus meiner 7. Mathematikklasse)*

Um dem entgegenzuwirken, setzte ich verstärkt differenzierte Aufgaben ein und beauftragte sogenannte „Helferschüler". Diese Schüler sollten den anderen Schülern unterstützend helfen, über ihre Lösungsansätze[22] nachzudenken. Dabei stand nicht das „Vorrechnen", sondern das Nachdenken und Entwickeln eigener Lernwege im Mittelpunkt, um mathematische Aufgaben selbstständig lösen zu können. Diese angeführten Erkenntnisse trugen dazu bei, dass ich ein Lerntagebuch im Unterricht einsetzten wollte, damit jeder einzelne Schüler individuell über den eigenen Lernprozess nachdenken kann.

3.1.2. Einordnung der Lerneinheit in den Rahmenlehrplan

Im Rahmenlehrplan der Grundschule für Mathematik finden sich die ersten Ansätze zur Proportionalität in der Doppeljahrgangsstufe 3/4 im Pflichtmodul „Zahlen und Operationen".

---

[21] Um einige eingesetzte Unterrichtsmethoden zu nennen: Lernen an Stationen, Gruppenarbeit, Lerntheken, ect.
[22] Dabei meine ich folgende Fragen wie: Was ist gegeben? Was ist gesucht? Was möchte ich berechnen? Wonach wird in der Aufgabe gefragt?

Dort heißt es, dass die Schüler „einfache Sachsituationen zu proportionalen Zuordnungen untersuchen"[23] sollen. Die ersten Überschlagsrechnungen im Modul „Größen und Messen" werden ebenfalls in dieser Doppeljahrgangsstufe angewendet. Am Ende der Jahrgangsstufe 4 nutzen die Schüler die Überschlagsrechnung und Umkehroperationen zur Kontrolle von Rechenergebnissen.

Ferne erkennen und beschrieben sie Zuordnungen. Am Ende der Jahrgangsstufe 6 sind die zu erreichten Standards damit begründet, dass die Schüler in Sachkontexten entscheiden können, ob eine Überschlagsrechnung ausreicht oder ob ein genaues Ergebnis zur Gesamteinschätzung notwendig ist. Sie erkennen Zuordnungen, beschreiben sie sprachlich in Tabellen und lösen Sachaufgaben zur Proportionalität.

Im Rahmenlehrplan der Sekundarstufe I für Mathematik wird die Lerneinheit 'proportionale und antiproportionale Modelle' als P7-7/8 bezeichnet. Dabei handelt es sich um ein Pflichtmodul der Doppeljahrgangsstufe 7/8. Die inhaltsbezogenen Kompetenzen (Leitideen) „funktionaler Zusammenhang" und „Zahl" bilden dabei den Schwerpunkt. Auf die prozessbezogene Kompetenzen Modellieren, Kommunizieren und Problemlösen werde ich im Abschnitt 3.1.2. näher eingehen.

Ferner geht es um die Beschreibung dieser beiden Zuordnungen. Die Schüler „entwickeln durch die sprachliche Beschreibung von Sachverhalten, die Darstellung im Koordinatensystem und die kritische Reflexion von Ergebnissen, ein umfassendes Verständnis für die Eigenschaften proportionaler und antiproportionaler Zuordnungen."[24] Dabei sollen die Schüler ihr Wissen an Sachaufgaben weiter üben, vertiefen und vernetzen. Die Schüler wenden ihre Fertigkeiten an, indem sie beide Zuordnungen miteinander vergleichen und diese auf mathematische Alltagsprobleme übertragen.

Am Ende der Jahrgangsstufe 8 sollen die Schüler proportionale und antiproportionale Zusammenhänge in Alltagssituationen beschreiben, interpretieren und berechnen können. Des Weiteren verwenden sie unterschiedliche Darstellungsformen wie Wertetabellen, Pfeildiagramme und Koordinatensysteme.

Die Anforderungen der beiden Leitideen finden sich bei den Richtlinien der Kultusministerkonferenz (KMK 2003) zum mittleren Schulabschluss Mathematik wieder. Darin heißt es: Die Schüler sollen zur Kontrolle die Überschlagsrechnungen und andere Verfahren nutzen und funktionale Zusammenhänge erkennen und beschreiben können.

---

[23] Aus: [RLP, 2004; S. 5]
[24] Aus: [RLP, 2006; S. 34]

David Rose

Weiterhin sollen die Schüler realitätsnahe Probleme im Zusammenhang mit linearen, proportionalen und antiproportionalen Zuordnungen lösen.[25]

3.2. Planung
3.2.1. Kompetenzbezug

Die Lernvoraussetzungen der Schüler für die Lerneinheit setzen das Rechnen mit rationalen Zahlen voraus. Die Schüler sollen geometrische Zusammenhänge durch Gleichungen beschreiben und Wertepaare in ein Koordinatensystem eintragen können.

Nachdem ich die inhaltsbezogenen Kompetenzen dargestellt habe, möchte ich für die Lerneinheit 'proportionale und antiproportionale Modelle' die prozessbezogenen Kompetenzen beschreiben. Dabei bildet das Modellieren den größten Schwerpunkt. Neben dieser zentralen Kompetenz werden ebenfalls das Kommunizieren (größtenteils das Verbalisieren) und das Problemlösen angesprochen.

Die Ziele der drei wichtigsten Kompetenzen in dieser erprobten Lerneinheit sind auf der Grundlage des Rahmenlehrplans Mathematik für die Sekundarstufe I (Berlin, 2006) entwickelt worden:
Beim Modellieren kann der Schüler reale Situationen in mathematische Modelle umwandeln. Er nutzt geeignete Verfahren (Dreisatz, Tabellen, Diagramme) innerhalb dieser Modelle, um Berechnungen auszuführen. Die Lösungen bzw. Ergebnisse kann er interpretieren und überprüfen. Darüber hinaus kann er Modelle auswählen, anpassen und gegebenenfalls verbessern. Zusammengefasst kann der Schüler die reale Welt in mathematischen Modellen beschreiben, interpretieren, reflektieren, analysieren und überprüfen.

Durch das Lesen und Verstehen von Aufgabenstellungen wird die Kompetenz Kommunizieren angesprochen. Der Schüler kann mathematische Informationen und Darstellungen erfassen und reflektieren. Er dokumentiert seine Überlegungen, Lösungswege und Ergebnisse in eigener Sprache. Zugleich achtet der Schüler beim Verbalisieren auf eine angemessene Fachsprache, um mathematische Zusammenhänge präzise darstellen zu können.

Unter dem mathematischen Problemlösen erkundet, erfasst und löst der Schüler gestellte Probleme und kann seine Vorgehensweise beim Lösen beschreiben. Darüber hinaus kann er mehrere Lösungen und Lösungswege überprüfen und verschiedene Darstellungsformen nutzen.

---

[25] Aus: [KMK(2), 2003; S.14f]

Die wesentlichste Kompetenzerwartung beim Problemlösen liegt in der Reflexion von Lösungswegen und verschiedener Strategien.

Auf diese drei Kompetenzen möchte ich meinen Fokus bei der Förderung des individuellen Übens im Hinblick auf die Kompetenzentwicklung legen. Anhand meines erstellten Kompetenzrasters kann ich gut erkennen, an welcher Stelle der jeweilige Schüler zu Anfang der Lerneinheit stand und wie weit sich seine Kompetenzen entwickelt haben (siehe Anhang „Kompetenzraster").

3.2.2. Aufbau des erprobten Lerntagebuchs

Ich plante das Lerntagebuch und bereitete für jeden Schüler eine gebundene Form vor. Die ersten gebundenen Seiten waren durch eine Heftklammer miteinander verbunden, sodass die Schüler ihre bearbeiteten Übungsaufgaben und Selbstreflexionen an ihr eigenes Lerntagebuch anheften konnten.

> Einleitung:
>
> Bevor du mit dem **Lerntagebuch** arbeiten wirst, schreibst du einen Eingangstest. Dieser Test wird nicht bewertet. Der Test soll festgestellt, was du schon alles kannst. Dadurch kannst du gezielter Übungsaufgaben lösen und dich verbessern.
>
> **Was ist ein Lerntagebuch?**
> **Warum nutzt du ein Lerntagebuch?**
>
> Mit dem Lerntagebuch kannst du besser im Mathematikunterricht Üben und dich dadurch verbessern. Es wird dich dabei unterstützen, deine Stärken sichtbar zu machen, vereinbarte Ziele zu erreichen, Ergebnisse zu dokumentieren und was du erreicht hast, aufzuschreiben.

Auszug aus dem Lerntagebuch, Seite 1.

Die Schüler haben durch das Lerntagebuch erfahren, dass zu Anfang der Lerneinheit ein Eingangstest geschrieben wird, in dem ihre bereits vorhandenen Fertigkeiten überprüft werden sollten. Mit dem Lerntagebuch wurde in den Übungsphasen gearbeitet. Nachdem ein Themenbereich im Unterricht gemeinsam erarbeitet wurde, schloss sich eine Übungsphase an.

> **1.)   Vorarbeit:**
> Bevor du in der Übungsphase Aufgaben bearbeitest, sollst du vorher über bestimmte Fragen nachdenken und diese beantworten:
>
> *Schreibe auf einem Blatt auf und hefte ein:*
>
> – **Um welches Thema handelt es sich heute?**
> – **Was weiß ich zu dem Thema?**
> – **Meine Vorerfahrungen sind ... ?**
> – **Ich kenne ein Beispiel dazu, es lautet ... ?**
> ...

Auszug aus dem Lerntagebuch, Seite 2.

Die Vorarbeit sollte stets vor dem individuellen Üben durch jeden Schüler bearbeitet werden. Anschließend sollte individuell geübt werden. Dabei wurden den Schülern jeweils drei verschiedene Schwierigkeitsniveaus angeboten.

2.) Individuelles Üben:
Danach wirst du Aufgaben bearbeiten. Es wird individuelle Aufgaben geben,
die in drei verschiedene Bereiche eingeteilt werden.

Diese Aufgaben sollst du dann in dein Lerntagebuch einheften!

Auszug aus dem Lerntagebuch, Seite 2.

Nachdem individuell geübt wurde, sollte die Nacharbeit stattfinden. Da am Ende der Unterrichtsstunde meistens wenig Zeit in den Übungsphasen vorhanden war, sollte die Nacharbeit als Hausaufgabe bearbeitet werden.

3.) Nacharbeit:
Am Ende der Übungsphase (oder auch als Hausaufgabe) solltest du wieder
über folgende Fragen nachdenken und diese beantworten:

Schreibe auf einem Blatt auf und hefte ein:

- **Ich habe heute folgendes gelernt, ... !**
- **Das habe ich besonders gut verstanden ... !**
- **Mir ist folgendes nicht klar geworden, und zwar ... !**
- **Bist du mit deiner Arbeit zufrieden?**
- **Hast du dein Arbeitsziel erreicht? → Wenn nicht, woran lag es?**
- **Das nehme ich mir für das nächste Mal vor ... ! Mein Ziel lautet ...!**
- **...**

Arbeite sauber und ordentlich! Unterstreiche jedes Thema! Datum nicht vergessen!

Auszug aus dem Lerntagebuch, Seite 2.

Dieses Grundmuster wurde stets in den Übungsphasen eingehalten. Nach kurzer Eingewöhnungszeit arbeiteten die Schüler selbstständig und hefteten ihre individuellen Übungsaufgaben in ihr Lerntagebuch.

3.2.3.   Verlaufsplanung

Die Erprobung des Lerntagebuchs zur Förderung individuellen Übens führte ich vom 06. Juni 2011 bis zum 24. Juni 2011 durch. Um in diesen drei Wochen das individuelle Üben zu fördern und eine Kompetenzentwicklung festzustellen, plante ich im Voraus meine Verlaufsplanung. Dazu schaute ich mir die Richtlinien des Rahmenlehrplans, die Vorgaben der Kultusministerkonferenz, einen Quer- und Längsschnitt zu den erreichbaren Kompetenzen in den jeweiligen Jahrgängen, den Rahmenlehrplan der Grundschule (Spiralcurriculum), die schulinternen Curricula und die Jahresplanung der Schule genauer an (siehe Kapitel 3.1.2.). Im Folgenden stelle ich meine Verlaufsplanung tabellarisch dar.

Datum	Stundenthema	Unterrichtsphase	Individuelles Üben
06.06.11	Eingangstest, Einführung des Lerntagebuchs	Einzelarbeit Frontalunterricht	-
07.06.11	Zuordnungen, Schaubilder, Tabellen, Pfeildiagramme	Erarbeitungsphase Übungsphase	X

09.06.11	Zuordnungen lesen und darstellen, Koordinatensysteme	Übungsphase	X
10.06.11	Proportionale Zuordnungen, graphische Darstellungen	Erarbeitungsphase Übungsphase	X !
13.06.11	Pfingstmontag	-	-
14.06.11	Proportionale Zuordnungen, Dreisatz, Sachaufgaben	Erarbeitungsphase Übungsphase	X
16.06.11	Proportionale Zuordnungen, Experimentieren und Beobachten	Stationsarbeit Übungsphase	Gruppenarbeit -
17.06.11	Antiproportionale Zuordnungen, Tabellen, Übungsaufgaben	Erarbeitungsphase Übungsphase	X !
20.06.11	Antiproportionale Zuordnungen, Diagramme zeichnen	Erarbeitungsphase Übungsphase	X
21.06.11	Antiproportionale Zuordnungen, Textaufgaben	Übungsphase	X
23.06.11	Wiederholung beider Zuordnungen, gemischte Aufgaben, Textaufgaben	Übungsphase	X
24.06.11	Abschlusstest, „Was habe ich gelernt?" - Plakate	Einzelarbeit Gruppenarbeit	Gruppenarbeit !

Legende: X = hat stattgefunden, - = hat nicht stattgefunden, ! = Lerntagebuch und Wochenfragebögen wurden eingesammelt

Anhand dieser Verlaufsplanung habe ich meine Unterrichtsstunden geplant.

3.2.4. Wochenrückblick

Am Ende jeder Woche bekamen die Schüler einen Wochenrückblick- und Selbsteinschätzungsbogen zum Ankreuzen (siehe Anhang „Wochenrückblick"). Diese Fragebögen wurden in das Lerntagebuch eingeheftet und eingesammelt. Dabei wurden jeweils die einzelnen Lernziele in der Woche abgefragt. Ich wertete die Wochenfragebögen aus und las parallel von jedem Schüler das Lerntagebuch. Insgesamt wertete ich drei Wocheneinschätzungen aus.

Anhand der Vor-/ und Nacharbeit, der Wocheneinschätzungen und den Übungsaufgaben konnte ich den Lernprozess jedes einzelnen Schülers verfolgen. Dabei konnte ich feststellen, welche Schüler über ihre Stärken und Schwächen beim Üben nachgedacht haben. Durch die Dokumentationen im Lerntagebuch verglich ich zusätzlich die individuellen gelösten Übungsaufgaben. Individuelle Förderhinweise konnte ich jedem Schüler durch das Lerntagebuch schriftlich mitteilen.[26]

---

[26] Mündliche Einzelgespräche zur Förderung des individuellen Übens sind in diesem Erprobungszeitraum nicht möglich gewesen, da die vorgegebene Zeit zu gering angesetzt war.

Im Rahmenlehrplan ist nachzulesen, dass eine „kontinuierliche Rückmeldung die Grundlage für eine individuelle Lernentwicklung bildet und [die Lernbereitschaft gestärkt werden kann]. [...] So entwickeln Kinder und Jugendliche die Fähigkeit, ihre eigenen Stärken und Schwächen sowie Qualität ihrer Leistungen realistisch einzuschätzen und kritische Rückmeldungen und Beratung als Chance für die persönliche Weiterentwicklung zu verstehen.“[27]

3.3.　Durchführung

Anhand der folgenden Darstellung werde ich meine Durchführung zur Förderung des individuellen Übens vorstellen.

A	B	C
Beginn der Lerneinheit	**Durchführung der Lerneinheit**	**Ende der Lerneinheit**

Zu A:

Die Lerneinheit begann, wie im Abschnitt 3.2.2. beschrieben, mit einem Eingangstest. Die verwendete Aufgabe in dem Eingangtest analysiere ich im Auswertungteil. Die Einzelarbeit zur Bearbeitung des Eingangstests umfasste ca. 12 Minuten. Der Test wurde nicht bewertet. Vielmehr konnte ich an den Lösungen feststellen, auf welcher Kompetenzstufe sich die einzelnen Schüler zu Beginn der Lerneinheit befanden. Da in den Übungsphasen mit differenzierten Übungsaufgaben geübt werden sollte, waren die Hinweise auf die Schwierigkeitsniveaus ausgerichtet. Das Übungsmaterial, das in den Übungsphasen eingesetzt wurde, richtete sich nach den Materialien zur individuellen Förderung mit Differenzierungsstufen des Ernst Klett Verlags.[28] Es beinhaltet drei verschiedene Schwierigkeitsniveaus zu einem bestimmten Aufgabenformat. Anschließend wurde das Lerntagebuch vorgestellt. Die Schüler sollten mit Hilfe ihres Lerntagebuchs in den Übungsphasen üben. Nachdem den Schülern die Grundlagen des Lerntagebuchs vorgestellt wurden, begann die Lerneinheit.

Zu B:

Während der Durchführung der Lerneinheit übten die Schüler individuell mit Hilfe ihres Lerntagebuchs. Im Unterricht wechselten sich Erarbeitungs- und Übungsphasen ab. Manchmal fanden auch nur Übungsphasen im Unterricht statt, indem die Schüler die ganze Unterrichtsstunde Zeit hatten, an ihren Übungsaufgaben zu arbeiten.

---

[27] Aus: Senatsverwaltung für Bildung, Jugend und Sport Berlin, Rahmenlehrplan Sekundarstufe I Mathematik, Berlin 2006, Abschnitt: Lernen und Unterricht / Lernkultur, S 8.
[28] Vgl.: [Klett, 2010; Seite: 490 - 553]

Die Übungsphase habe ich kenntlich gemacht, indem ich ein Plakat mit dem Begriff „Übung" an die Tafel geheftet habe. Zunächst wurde die Vorarbeit bearbeitet. Danach wählten die Schüler ihr passendes Schwierigkeitsniveau bei den Übungsaufgaben aus. Die Lösungen zu den Übungsaufgaben konnten bei mir eingesehen werden, sobald das Übungsblatt vollständig gelöst wurde. Wenn noch Zeit in der Übungsphase vorhanden war, sollte das nächsthöhere Schwierigkeitsniveau bearbeitet werden. Zusätzliche Übungsaufgaben stellte ich den „Schnellrechnern" zur Verfügung.

Am Ende der Übungsphase erfolgte die Nacharbeit. Meistens wurde die Nacharbeit als Hausaufgabe aufgegeben, da die Zeit während des Unterrichts zum Üben genutzt wurde. Nach jeder Woche bekamen die Schüler Förderimpulse, an denen sie sich orientierten konnten. Dabei wurde den Schülern hauptsächlich vorgeschlagen, an welchen Schwierigkeitsniveaus sie weiterüben sollten. Während der gesamten Lerneinheit verfolgte ich drei Leitfragen. Diese werde ich in der Analyse vorstellen, um die zentrale Frage dieser Arbeit beantworten zu können.

<u>Zu C:</u>

Am Ende der Lerneinheit fand ein Abschlusstest zur Überprüfung des Lernerfolgs statt. Ich recherchierte nach geeigneten Aufgaben zur Überprüfung der Kompetenzentwicklung. Die ausgewählten Aufgaben werde ich im Auswertungsteil analysieren. Die Aufgaben standen verdeckt an der Tafel. Die letzte Unterrichtsstunde begann und ich stellte den Schülern die Aufgaben vor. Die Phase der Einzelarbeit umfasste ca. 24 Minuten. Im Vergleich zum Eingangstest, sollten erlernte Kenntnisse anhand mehrerer Aufgaben abgefragt werden. Demzufolge umfasste diese Phase mehr Zeit. Abschließend beendete ich meine Erprobung mit einer Gruppenarbeit. Die Schüler erhielten die Aufgabe, ein Plakat zu dem Thema „Was habe ich gelernt?" zu erstellen (siehe Anhang „Plakate"). Bei dieser Gruppenarbeit bekamen die Schüler die Möglichkeit nochmals über die wichtigsten Lerninhalte der Lerneinheit 'proportionale und antiproportionale Modelle' nachzudenken.

Anhand dieser dargestellten Durchführung kann das individuelle Üben gefördert werden. Die wichtigsten beschriebenen Aspekte der Förderung individuellen Übens sind dabei beachtet worden (siehe Abschnitt 2.1.3.). Das Lerntagebuch ist durch die Vor-/ und Nacharbeit gesteuert worden. Die Fragen sollten stets als Anregung verstanden werden. Ich habe meinen Schülern die Möglichkeit gegeben auch andere Fragen sich zu stellen, um ihren Lernprozess besser reflektieren zu können.

3.4. Analyse

David Rose

Die Kompetenzentwicklung habe ich an einem Kompetenzraster eingeschätzt (siehe Anhang „Kompetenzraster"). Dieses Kompetenzraster habe ich in vier Stufen eingeteilt und auf der Grundlage der Richtlinien der Kultusministerkonferenz 2003 und der Landeserhebung des Schulministeriums von NRW aufgestellt. Ich habe mich dafür entschieden, da eine Kompetenzentwicklung bei einer Lerngruppe durch ein Kompetenzraster gut einzuschätzen ist. Wenn eine Kompetenzstufe nicht erreicht wird, ist davon auszugehen, dass die Kompetenzstufe darunter erzielt wurde.

Von insgesamt 18 Schülern konnte ich am Ende der Lerneinheit 15 Lerntagebücher einsammeln. Zwei Schüler waren am letzten Erprobungstag nicht anwesend und ein Schüler hatte sein Lerntagebuch zu Hause vergessen. Anhand des Eingangstests konnte ich die vorhandenen Fertigkeiten der Schüler einschätzen. Zunächst möchte ich die verwendete Aufgabe vorstellen. Anhand der Aufgabe im Eingangstest konnte ich den Stand der Schüler bestimmen.

3.4.1. Analyse der vorhandenen Kompetenzen

Als Eingangstest wählte ich eine Aufgabe aus der kompetenzorientierten Diagnostik.[29] Die Aufgabe für den Mathematikunterricht sollte alle drei Kompetenzen überprüfen, die während meiner Erprobung im Fokus standen.

Aufgabe Kassenquittung:

Nach einem Einkauf im Supermarkt ist Lisa überrascht, dass sie nur noch 2,09 € übrig hat! Sie schaut sich ihre Kassenquittung genauer an.

Supermarkt ABC			
Anzahl	Artikel	Grundpreis incl. MwSt. (7%)	Summe
1 x	Butter, 250 g	0,69 €	0,69 €
1 x	Vollmilch, 1 L	0,79 €	0,79 €
1 x	Gouda, 327 g	4,90 € / kg	1,60 €
1 x	Honig, 250 g	3,95 €	3,95 €
2 x	Brot, 500 g	0,69 €	1,38 €
		Bonsumme:	8,41 €
		Nettosumme für 7 % MwSt:	7,86 €
		MwSt. 7% aus 8,41 €:	0,55 €
		Gegeben in bar:	10,00 €
		Rückgeld:	1,59 €

Beantworte folgende Fragen:

(a) Hätte Lisa die Pralinen für 1,99 € noch kaufen können? Begründe.

(b) Erkläre, warum Lisa für das Brot 1,38 € und für den Gouda 1,60 € bezahlen musste.

(c) Wie viel Euro hatte Lisa vor dem Einkauf?

(d) Lisa bezahlte im Supermarkt mit einem 10 € Schein. Welche Geldstücke hatte sie möglicherweise vor dem Einkauf, wenn es vier waren?

Die Teilaufgabe a) bezieht sich auf die Kompetenz Kommunizieren. Dabei sollte der Schüler wichtige Informationen aus einer mathematischen Darstellungsform (hier: Tabelle mit Text) ablesen, bewerten und strukturieren (siehe Kompetenzraster: Kommunizieren Stufe 1). Auszug aus dem Lerntagebuch, Seite 4.

Lösung zu a): *Lisa hat noch 2,09 € übrig und kann die Pralinen für 1,99 € kaufen.*

Bezug zur Lerngruppe:

Diese Aufgabe wurde von mehreren Schülern nicht richtig beantwortet, da überwiegend das Rückgeld betrachtet wurde. Insgesamt haben acht von fünfzehn Schülern die Aufgabe beantwortet, dass das Rückgeld auf dem Bon von 1,59 € nicht mehr ausreichen würde, um die Pralinen zu kaufen.

---

[29] Vgl.: [Abel, 2006; S. 26f]

Die Teilaufgabe b) bezieht sich auf die Leitidee „funktioneller Zusammenhang". Der Bereich zielt auf die Anwendung des Dreisatzverfahrens zur Lösung einer mathematischen Problemstellung ab. Des Weiteren wird ebenfalls die Kompetenz Kommunizieren (Verbalisieren) angesprochen. In eigenen Worten sollte der Schüler einen Erklärungsversuch aufschreiben (siehe Kompetenzraster: Kommunizieren Stufe 2). Lösung zu b): *Ein Brot kostet im Supermarkt 0,69 €. Da zwei Brote gekauft wurden, musste der Preis mit der Zahl 2 multipliziert werden. Zwei Brote kosten somit 1,38 €. Der Gouda kostet pro Kilogramm 4,90 €. Da Lisa nur 0,327 kg Gouda kauft, muss der Wert mit 4,90 € multipliziert werden, sodass aufgerundet 1,60 € das Ergebnis darstellt.*

Bezug zur Lerngruppe:

Von fünfzehn Schülern haben zwölf Schüler die erste Teilaufgabe richtig beantwortet. Dabei argumentierten sie richtig, dass das Brot zweimal gekauft wurde, da bei der Anzahl auf dem Bon der Wert 2 abzulesen ist. Die Teilaufgabe mit dem Gouda-Käse lösten lediglich nur zwei Schüler. Die anderen Schüler lösten diese Aufgabe nicht oder es waren nur Ansätze vorhanden. Die beiden Schüler multiplizierten den Kilogrammpreis mit dem Kilogrammwert und bestimmten den richtigen Preis.

Bei der Teilaufgabe c) werden zwei Kompetenzen angesprochen, zum Einen das Modellieren und zum Anderen das Kommunizieren (Verbalisieren). Beim Modellieren sollte die dargestellte Situation in ein mathematisches Modell übersetzt und überprüft werden (siehe Kompetenzraster: Modellieren Stufe 2). Lösung zu c): *Lisa hatte nach dem Einkauf 2,09 € übrig. Das Restgeld, das sie erhalten hatte, war darin enthalten. Somit ergibt sich, dass sie 10 € + 2,09 € - 1,59€ = 10,50 € vor dem Einkauf bei sich hatte.*

Bezug zur Lerngruppe:

Den Schülern fiel diese Teilaufgabe schwer. Von den fünfzehn Schülern konnten sieben Schüler diese Aufgabe lösen. Die anderen acht Schüler sind davon ausgegangen, dass zu den 10 € die 1,59 € Restgeld addiert werden müsste. Berücksichtigt wurde dabei nicht die Information aus dem Anfangstext der Aufgabe.

Die Teilaufgabe d) spricht abschließend die Kompetenz Problemlösen an. Das Erkunden steht hierbei im Mittelpunkt. Ebenfalls werden kombinatorische Denkstrategien abgefragt, da sich vier Geldstücke zu einer Geldstücksumme zusammensetzen sollen. Lösung zu d): *Lisa hat 10,50 € bei sich. Somit müssen nur die 50 Cent betrachtet werden. Diese 50 Cent sollen sich aus vier anderen Geldstücken zusammensetzen.*

David Rose

Dabei wäre eine mögliche Lösung: 20 Cent + 10 Cent + 10 Cent + 10 Cent = 50 Cent. Es lassen sich noch andere Kombinationen bilden.

<u>Bezug zur Lerngruppe:</u>

Von den sieben Schülern, die die Teilaufgabe c) richtig gelöst haben, konnten sechs Schüler die richtige Lösung für diese Teilaufgabe finden. Die anderen Schüler verstanden in der Aufgabenstellung nicht, was mit vier gemeint gewesen ist. Diese Frage wurde während des Eingangstests öfter gestellt. Ich beantwortete die Frage nicht und entgegnete nur, dass jeder für sich selbstständig die Aufgaben lösen sollte, um genauer einschätzen zu können, was noch geübt werden muss.

Die Aufgabe eignete sich aus meiner Perspektive sehr gut für den Eingangstest. Es wurden mehrere Kompetenzen abgedeckt und ich konnte anhand der Lösungswege feststellen, auf welchen Kompetenzstufen die Schüler einzuordnen sind. Insgesamt konnte ich feststellen, dass die Schüler beim Modellieren sich zwischen der ersten und zweiten Kompetenzstufe befanden. Einfache graphische Darstellungen der Kompetenzstufe 1 wurden hierbei nicht untersucht. Teilweise wurden die Daten nicht miteinander verglichen oder in Verbindung gebracht, sodass die höhere Kompetenzstufe nicht erreicht werden konnte. Bei der Kompetenz Kommunizieren würde ich die Schüler der ersten Kompetenzstufe zuordnen, da überwiegend wenig mathematische Fachsprache verwendet wurde. Beim Problemlösen fällt die Einstufung in eine Kompetenzstufe schwer, da weniger als die Hälfte der Schüler die Aufgabe richtig gelöst haben. Die Kompetenzstufe der Schüler beim Problemlösen würde ich größtenteils der ersten Stufe zuordnen. Die Einteilung in die Kompetenzstufen beziehen sich nur auf diese Lerneinheit. Ausgehend von den ersten Ergebnissen konnte ich jedem Schüler mitteilen, an welchen Übungsaufgaben geübt werden sollte. Dadurch konnte gewährleistet werden, dass jeder Schüler auf seiner Verständnisgrundlage seine vorhandenen Kompetenzen durch das individuelle Üben verbessern kann.

3.4.2.   Analyse zentraler Leitfragen

Während der Durchführung der Lerneinheit standen folgende zentrale Leitfragen im Vordergrund. Diese Fragen wurden über die Leineinheit hinweg immer wieder in den Fragebögen direkt oder indirekt angesprochen und abgefragt (siehe Anhang „Wochenrückblick / Gesamteinschätzung zum Üben mit dem Lerntagebuch der Schülerin N."').

1.   Wurde stets die Vor-/ und Nacharbeit beim individuellen Üben bearbeitet und somit der Lernprozess reflektiert?

David Rose

2. Wurden die Förderimpulse nach jeder Woche beachtet und an den entsprechenden Übungsaufgaben geübt?

3. Dokumentierten die Schüler ihre Lösungswege in das Lerntagebuch beim individuellen Üben?

Diese Fragen untersuchte ich stets während der Wochenrückblickbögen, den Selbsteinschätzungsbögen und bei der Durchsicht der Lerntagebücher.

Zu 1.:

Ich betrachtete dabei von allen fünfzehn Schülern die Vor-/ und Nacharbeiten beim individuellen Üben. Bei den wöchentlichen Einsichten stellte ich fest, dass zunächst nur wenige Schüler ihre Lernprozesse reflektierten. In den darauffolgenden Wochen konnte ich bemerken, dass mehrere Schüler ihre Vor-/ und Nacharbeit bewusster dokumentiert haben (siehe graphische Darstellung). Am Ende der Lerneinheit waren es insgesamt elf Schüler, die stichwortartig oder in ganzen Sätzen meine vorgegebenen Fragen beantwortet

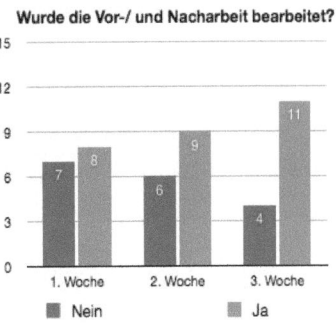

Wurde die Vor-/ und Nacharbeit bearbeitet?

haben. Deutlich zu erkennen ist hierbei, dass in der ersten Woche fast die Hälfte der Schüler keine Vor-/ und Nacharbeit geleistet haben. Vielleicht waren die Schüler von der Methode zunächst nicht überzeugt. Es handelte sich um eine neue Methode im Unterricht, an die sich die Schüler gewöhnen mussten. Ich verwies darauf die Vor-/ und Nacharbeiten nachzuholen und gewissenhafter über den Lernprozess nachzudenken. Eine deutliche Steigerung der Bearbeitung der Vor-/ und Nacharbeit konnte ich in den darauffolgenden Wochen feststellen. Am Ende der Lerneinheit haben schließlich elf Schüler ihre Lernprozesse kontinuierlich dokumentiert.

Zu 2.:

Die differenzierten Übungsaufgaben waren stets nach Schwierigkeitsniveaus aufgeteilt. Die Schüler beachteten meine Förderimpulse und übten an den Übungsaufgaben. Die „Schnellrechner" übten an ihren Übungsaufgaben und holten sich stets Zusatzaufgaben, um ihre Strategien zu festigen. Zu den Schnellrechnern gehörten jeweils drei Schüler. Die anderen Schüler, die Schwierigkeiten beim Lösen der Übungsaufgaben zeigten, nutzen zum Nachschlagen oft ihre Lerntagebuch.

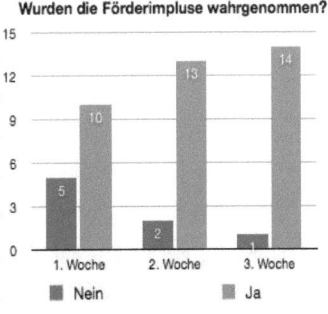

Wurden die Förderimpulse wahrgenommen?

Dies konnte ich sehr gut in den Übungsphasen beobachten, da ich die Schüler üben ließ und ich mich aus dem Unterrichtsgeschehen herausnehmen konnte. Die Förderhinweise wurden größtenteils wahrgenommen und umgesetzt. Ich achtete darauf, ob kontinuierlich an den vorgeschlagenen Übungsaufgaben geübt wurde. Ferne achtete ich auf die Vollständigkeit der bearbeiteten Aufgaben.

Zu 3.:

In den Lerntagebüchern konnte ich die Dokumentationen über die Lösungswege beobachten. Bei den leistungsstärkeren Schülern habe ich festgestellt, dass sie überwiegend richtig gerechnet haben, aber eher darauf verzichteten, ihre Lösungsstrategien genauer zu beschreiben. Dahingegen ist bei den leistungsschwächeren Schülern deutlich geworden, dass sie schrittweise versuchten ihre Lösungswege aufzuschreiben. Welche wichtigen Informationen beinhaltet die Aufgabenstellung? Welche Informationen werden davon gebraucht, um eine Lösung zu bestimmen? Welche Zuordnung passt zu gefragten Modell aus der Aufgabenstellung? Die leistungsschwächeren Schüler nutzen die Dokumentation ihrer Lösungswege genauer und sorgfältiger als die leistungsstärkeren Schüler. In den Förderimpulsen habe ich den Schülern mitgeteilt, dass das Lerntagebuch für das individuelle Üben eine Hilfe bereitstellen soll, in der eigene Gedanken und Hilfestellungen aufzuschreiben sind. Ferne sei darauf zu achten, seine Dokumentationen über die Lösungswege genauer aufzuschreiben, um nachvollziehen zu können, warum sie auf die Lösungen gekommen sind.

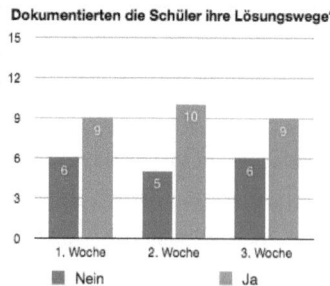

3.4.3.   Analyse der Kompetenzentwicklung

Mit Hilfe der ausgewerteten Wochenfragebögen, die Einsicht in die Lerntagebücher und dem Eingangs-/ und Abschlusstests kann ich die Kompetenzentwicklung einschätzen und die zentrale Frage beantworten, inwiefern das Lerntagebuch dazu geeignet ist, das individuelle Üben im Mathematikunterricht zu fördern. Der Abschlusstest wird am Ende der Analyse die festgestellten Kompetenzen aus dem Eingangstest vergleichen und somit eine Aussage über die Kompetenzentwicklung ermöglichen. Dazu suchte ich geeignete Aufgaben, die wiederum alle drei Kompetenzen abdecken. Ich notierte drei Aufgabenstellungen zu jeder Kompetenz an der Tafel und die Schüler sollten diese Aufgaben selbstständig lösen. Dabei wählte ich aus dem Lehrerheft von Klippert[30] aus dem Abschnitt „Test zur Selbsteinschätzungen der Lerneinheit Zuordnungen" die passenden Testaufgaben aus, die ich im Folgenden darstellen möchte.

---

[30] Aus: [Klippert, 2007, S. 36-37 - Lehrerheft]

1. Aufgabe:

„Paul möchte heute seine Oma besuchen. Sein Weg ist in einem Weg-Zeit-Diagramm dargestellt.

(Dazu zeichnete ich ein entsprechendes Weg-Zeit-Diagramm an die Tafel. Ersichtlich war in dem Diagramm, dass Paul in eine gewissen Zeit mehr Weg zurückgelegt hatte. Des Weiteren konnte man aus dem Graphen Wegabschnitte ablesen, in der Paul wiederum mehr Zeit benötigte.) Die Schüler sollten Teilaufgaben lösen. a) Wie weit musst Paul laufen, um zu seiner Oma zu kommen? b) Wenn Paul nach der Schule um 15 Uhr los läuft. Wann kommt er bei seiner Oma an? c) Denke dir eine Geschichte zu Pauls Fußweg aus, die zu dem dargestellten Graphen passt!"[31]

Analyse der 1. Aufgabe:

Der Schüler sollte wichtige Informationen aus der Darstellungsform entnehmen, um die Fragestellungen beantworten zu können. Ferner musste der Schüler das mathematische Modell überblicken und auf der Grundlage der Kompetenz Kommunizieren (Verbalisieren) eine passende Geschichte zu dem dargestellten Graphen aufschreiben.

Bezug zur Lerngruppe:

Überwiegend wurde diese Aufgabe von den Schülern richtig gelöst. Von den fünfzehn Schülern konnten elf Schüler die wichtigsten Informationen aus der dargestellten graphischen Darstellung ablesen. Es wurde richtig erkannt, an welchen Wertepaaren der Graph sein Maximum erreicht hatte. Die Zeit und die Strecke wurden richtig bestimmt. Neun von fünfzehn Schülern konnten den dargestellten Graphen in einer Geschichte wiedergeben (siehe Beispiel im Anhang „Abschlusstests").

Kompetenzentwicklung:

Die Schüler können bestimmte Größenangaben an einem Graphen erkennen und darstellen. Sie können Eigenschaften von Zuordnungen aus verschiedenen Darstellungsformen ablesen, bestimmen und interpretieren. Aus meinem erstellten Kompetenzraster lässt sich erkennen, dass die Schüler bei der Modellierungskompetenz die Stufen 3 und 4 erreichen konnten. Beim Verbalisieren konnte ich anhand der aufgeschriebenen Geschichte feststellen, dass Überlegungen und Lösungsideen verständlich dargestellt worden sind. Zusammengefasst kann ich mit den Leitfragen und den Ergebnissen feststellen, dass eine Kompetenzentwicklung beim Kommunizieren bis zur Stufe 4 erreicht wurde.

2. Aufgabe:

---

[31] Aus: [Klippert, 2007, S. 36 - Lehrerheft]

„Überlege, um welche Zuordnungen es sich handelt. a) 150 m eines bestimmten Wollfadens kosten 5,80 €. Wie viel kosten 450 m dieses Fadens? b) Fredi kauft für seine Goldfische eine Dose Fischfutter. Auf der Dose steht: „Der Inhalt reicht 30 Tage für fünf Goldfische." Fredi hat aber nur drei Goldfische. Wie lange recht das Futter dann? c) Aus der Geschichte Englands: Heinrich VIII. hatte 6 Ehefrauen. Wie viele Ehefrauen hatte Heinrich IV.?"[32]

<u>Analyse der 2. Aufgabe:</u>

Bei dieser Aufgabe sollten die Schüler überprüfen, ob eine Zuordnung vorliegt, und diese mit den gelernten Modellen beschreiben. Dabei sollten die charakteristischen Eigenschaften von Zuordnungen bekannt sein.

<u>Bezug zur Lerngruppe:</u>

Von fünfzehn Schülern konnten dreizehn Schüler die Zuordnungen richtig vornehmen. Bei der letzten Teilaufgabe ist zwölf Schülern aufgefallen, dass es sich um keine Zuordnung handelt.

<u>Kompetenzentwicklung:</u>

Die Schüler erkennen Zuordnungen. Sie können zwischen proportionalen und antiproportionalen Zuordnungen unterscheiden und die wesentlichen Eigenschaften erkennen und anwenden.

3. Aufgabe:

„Anton Planer hat für die Klassenfahrt einen Bus für 35 Personen bestellt. Jede Person hat 8 € zu bezahlen. Tatsächlich fahren nur 32 Personen mit. Wie viel muss nun jede Person bezahlen?"[33]
Begründe deine Antwort! Um welche Zuordnung handelt es sich hierbei?

<u>Analyse der 3. Aufgabe:</u>

Bei dieser Aufgabe werden die Schüler gefordert, über die Gesetzmäßigkeit der antiproportionalen Zuordnung nachzudenken. Dabei sollte der Schüler kritisch über seine Lösung nachdenken und seine Antwort begründen.

<u>Bezug zur Lerngruppe:</u>

Von fünfzehn Schülern konnten neun Schüler die Lösung bestimmen, dass jede Person 8,75 € bezahlen muss. Sie begründeten richtig, dass die Eigenschaft der antiproportionalen Zuordnung gewählt werden muss, um das dargestellte mathematische Problem zu lösen.

---

[32] Aus: [Klippert, 2007, S. 37 Lehrerheft]
[33] [Klippert, 2007, S. 37 - Lehrerheft]

Kompetenzentwicklung:

Die Kompetenzstufe 4 des Problemlösens und Modellierens wird hierbei angesprochen. Der Schüler kann eine Verhältnisgleichung aufstellen und aus bekannten Größenangaben weitere Größenangaben berechnen.

4. Fazit

Die zentrale Frage dieser Arbeit kann somit beantwortet werden. Das Lerntagebuch stellt eine geeignete Methode dar, um individuelles Üben zu fördern. Eine fachliche Kompetenzentwicklung kann bei den Schülern im Mathematikunterricht beobachtet und festgestellt werden. Die Schüler haben durch das individuelle Üben ihre eigenen Stärken und Schwächen erkennen können. Das Lerntagebuch stand den Schülern beim Üben als Nachschlagewerk zur Verfügung. Ferner nutzen die Schüler das Lerntagebuch zur Dokumentation ihrer Lernprozesse. Anfangs standen die Schüler der neuen Lernmethode skeptisch gegenüber. Dies lies sich an der Vor-/ und Nacharbeit in der ersten Woche feststellen. In den weiteren Wochen arbeiteten die Schüler bewusster an ihrer Vor-/ und Nacharbeit. Mehrere Schüler reflektierten ihre Lernprozesse und setzten sich für die darauffolgenden Übungsstunden eigene Ziele.

Die Förderimpulse beachteten die Schüler. Sie wählten ihr passendes Schwierigkeitsniveau und übten selbstständig an den Übungsaufgaben. Einige Schüler dokumentierten ihre Lernwege anschaulich und formulierten ganze Sätze. Andere Schüler stellten stichwortartig ihre Gedanken dar. In diesem Punkt nutzen die leistungsschwächeren Schüler die Dokumentation bewusster als die leistungsstärkeren Schüler. Anhand des Eingangs-/ und Abschlusstests konnten fachliche Kompetenzentwicklungen im Bezug auf die Richtlinien der Rahmenlehrpläne erzielt werden. Die vorhandenen Kompetenzen schätze ich durch mein erstelltes Kompetenzraster ein. Durch die Überprüfung des Lernerfolgs am Ende der Lerneinheit konnte ich die Kompetenzen Modellieren, Kommunizieren und Problemlösen anhand von Aufgaben gezielt untersuchen.

Insgesamt ließen sich folgende fachliche Kompetenzentwicklungen feststellen. Die Schüler …

- können wichtige Informationen aus verschiedenen Darstellungsformen erkennen, ablesen und interpretieren.
- können proportionale und antiproportionale Zuordnungen in Sachzusammenhängen unterscheiden und fehlende Größenangaben mit geeigneten Rechenverfahren bestimmen (Dreisatz, Diagramme, Verhältnisgleichung).
- können gewählte Rechenverfahren begründen und ihre Lösungen interpretieren.

David Rose

- können Koordinatensysteme sinnvoll einteilen und Wertepaare einzeichnen, um eine proportionale bzw. antiproportionale Zuordnung graphisch darzustellen.

Abschließend sollte jedes Lerntagebuch auf die jeweilige Lerngruppe zugeschnitten sein. Ich wählte eine Form der Vor-/ und Nacharbeit durch Fragestellungen, an denen sich die Schüler orientieren konnten. Selbstverständlich kann eine Form gewählt werden, die einen offenen Charakter verfolgt. Dabei könnten die Schüler beispielsweise nach jeder Woche eine zusammenfassende Reflexion schreiben. Das Lerntagebuch stellt eine flexible und offene Lernmethode dar. Für meine Lerneinheit und meine Erprobung hat sich das Lerntagebuch als geeignet erwiesen. Es entstand zwar ein zusätzlicher Korrekturaufwand, wodurch ich aber sehr aufschlussreiche und interessante Gedankengänge meiner Schüler beim individuellen Üben im Mathematikunterricht beobachten konnte. Aufgrund der begrenzten Erprobungszeit konnte ich keine individuellen Fördergespräche führen. In meinem zukünftigen Beruf als Lehrer würde ich Einzelgespräche mit meinen Schülern vorziehen und auf den Rotstift in den Lerntagebüchern verzichten. Dadurch können sprachlich formulierte Sichtweisen der Schüler noch genauer interpretiert werden.

„Das Lerntagebuch sei ein langfristiger und dauerhafter Lernbegleiter", heißt es in meiner ausgewählten Definition. Das Lerntagebuch im Mathematikunterricht sollte für die Schüler stets über einen längeren Zeitraum zur Verfügung stehen, um eine nachhaltige Reflexion der Lernprozesse zu gewährleisten.

5.   Eigenständigkeitserklärung

Hiermit erkläre ich die vorliegende Arbeit selbstständig verfasst zu haben. Dabei sind keine außer den von mir angeführten Quellen zum Einsatz gekommen. Zitate in Wort und Sinn werden an den jeweiligen Stellen kenntlich gemacht.

_____ Berlin, den 18. Juli 2011

David Rose

6.   Literaturverzeichnis

[Abel, 2006]   Abel, Michael (u. a.) (2006): Kompetenzorientierte Diagnostik - Aufgaben für den Mathematikunterricht, Ernst Klett Verlag, Stuttgart.

[Barzel, 2007]   Barzel, Bärbel / Büchter, Andreas / Leuders, Timo (2007): Mathematikmethodik - Handbuch für die Sekundarstufe I und II, Cornelsen Verlag, Berlin.

[Bruder, 2008]   Bruder, Regina (2008): Üben im Konzept, Pädagogische Fachzeitschrift: Mathematik lehren, Heft 147, Friedrich Verlag, Seelze.

[Büchter, 2005]   Büchter, Andreas / Leuders, Timo (2005): Mathematikaufgaben selbst entwickeln - Lernen fördern - Leistung überprüfen, Cornelsen Verlag, Berlin.

[Feuser, 2005]   Feuser, Matthias (2005): Lernwege und Lernerfolge dokumentieren, Pädagogischer Fachartikel: GEW Schulpraxis, E&W Niedersachen. [pdf-Datei] Verfügbar unter: http://www.gew-nds.de/E_W/juni05/EuW_0607_12.pdf (Zugriff am 12.05.2011 um 14:35 Uhr).

[Klett, 2010]   Ernst Klett Verlag (2010): Individuell fördern Mathematik - 500 Arbeitsblätter in 3 Differenzierungsstufen mit Tests und Lehrerinformationen, Stuttgart.

[Klippert, 2007]   Klippert, Heinz (2007): Mathematik 7/8 - Prozente und Zuordnungen (Lehrer- und Schülerheft), Ernst Klett Verlag, Stuttgart.

[KMK(1), 2003]   Kultusministerkonferenz (2003), [pdf-Datei] Verfügbar unter: http://www.faecher.lernnetz.de/links/materials/1152252908.pdf (Zugriff am 08.06.2011 um 15:05 Uhr).

[KMK(2), 2003]   Kultusministerkonferenz (2003), [pdf-Datei] Verfügbar unter: http://db2.nibis.de/1db/cuvo/datei/bs_ms_kmk_mathematik.pdf (Zugriff am 17.06.2011 um 13:22 Uhr).

[Leuders, 2003]   Leuders, Timo (2003): Mathematikdidaktik - Praxisbuch für die Sekundarstufe I und II, Cornelsen Verlag, Berlin.

[Merziger, 2007]   Merziger, Petra (2007): Entwicklung selbstregulierten Lernens im Fachunterricht, Barbara Budich Verlag, Opladen.

[Padberg, 1992]   Padberg, Friedhelm (1992): Didaktik der Arithmetik - Texte zur Didaktik der Mathematik; Spektrum Verlag, Bielefeld.

[RLP, 2006]   Senatsverwaltung für Bildung, Jugend und Sport Berlin (2006): Rahmenlehrplan Sekundarstufe I Mathematik, Berlin.

[RLP, 2004]   Senatsverwaltung für Bildung, Jugend und Sport Berlin (2004): Rahmenlehrplan Grundschule, Berlin.

Aufgaben in den Übungsphasen wurden zusätzlich aus folgenden Mathematikbüchern verwendet:

[Backhaus, 2010]   Backhaus, Martina (u. a.) (2010): Schnittpunkt 7 - Mathematik Basisniveau, Ernst Klett Verlag, Stuttgart.

[Brückner, 2009]   Brückner, Axel (Hrsg.) (2009): Duden Mathematik 7 - Ausgabe G, Duden Paetec Verlag, Berlin.

7.   Anlagen

Erstelltes Kompetenzraster für die erprobte Lerneinheit:

Kompetenzraster (David Rose)

prozessbezogene Kompetenzen	Stufe 1	Stufe 2	Stufe 3	Stufe 4
mathematisch Modellieren	Der Schüler kann einfache Sachverhalte aus dem Alltag strukturieren und an einer einfachen Zeichnung graphisch darstellen.	Der Schüler kann vertraute Modelle nutzen. Einfache Berechnungen kann er ausführen und Sachverhalte vereinfachen. Einfache mathematische Modelle können aufgestellt werden.	Der Schüler kann geeignete Modelle auswählen, anwenden und überprüfen. Er kann Daten aus einer Tabelle miteinander vergleichen und in Verbindung setzen.	Der Schüler kann ein Modell aufstellen und überprüfen. Bestimmte Eigenschaften von Zuordnungen kann er aus ihrer Darstellungsform ablesen. Er unterscheidet zwischen proportionalen und antiproportionalen Modellen.
Kommunizieren (Verbalisieren)	Der Schüler kann aus den Aufgabenstellungen wichtige mathematische Informationen ablesen.	Der Schüler nutzt mathematische Informationen und entwickelt eigene Fragestellungen. Er kann Vermutungen mit eigenen Worten wiedergeben.	Der Schüler kann mathematische Informationen strukturieren, Sachverhalte verknüpfen und in geeigneter Fachsprache wiedergeben. Er kann Überlegungen und Lösungswege verständlich darstellen.	Der Schüler kann aus verschiedenen Darstellungsformen Informationen entnehmen, strukturieren und interpretieren. Er kann mathematisch begründen und diskutieren.
Probleme mathematisch lösen	Der Schüler kann einfache mathematische Aufgaben lösen. Er kann grob Lösungen schätzen.	Der Schüler kann Informationen herausfiltern, die wichtig für das Lösen eines mathematischen Problems sind.	Der Schüler kann Daten aus unterschiedlichen Quellen miteinander vergleichen. Er nutzt die wichtigsten Daten zum Lösen der Aufgabe. Er kann bekannte Rechenverfahren anwenden (Dreisatz).	Der Schüler löst mathematische Probleme und wendet Lösungsstrategien an. (Dreisatz, Produkt-, Quotientengleichung). Er kann Lösungswege reflektieren und begründen.

Erstellt auf der Grundlage der Richtlinien der Kultusministerkonferenz 2003 und der Lernstanderhebung des Schulminsteriums von NRW.
http://www.kmk.org/fileadmin/veroeffentlichungen_beschluesse/2003/2003_12_04-Bildungsstandards-Mathe-Mittleren-SA.pdf
http://www.standardsicherung.schulministerium.nrw.de/lernstand8/ls8-materialien/mathematik/prozesskomp/   (Zugriff am 28.06.2011 um 16:45 Uhr)

Vor-/ und Nacharbeit zum Üben mit dem Lerntagebuch einer Schülerin N.:

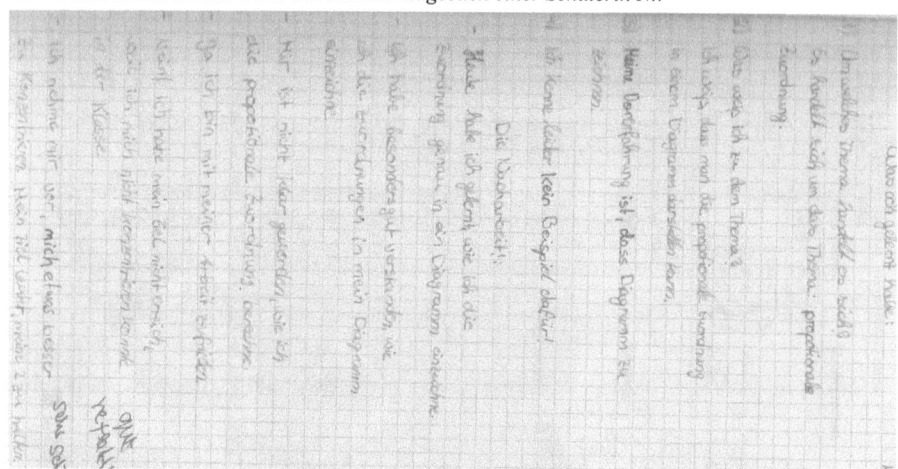

Wochen- und Selbsteinschätzungsbogen:

Name: _____ Klasse: _____ Datum: _____

-Wochenrückblick und Selbsteinschätzung-
Lerntagebuch zum individuellen Üben im Mathematikunterricht

Teil 1

Fragen:	trifft völlig zu	trifft zu	trifft weniger zu	trifft nicht zu	Bemerkungen:
Das Lerntagebuch hilft mir beim Üben.					
Ich arbeite gerne mit dem Lerntagebuch.					
Durch das Lerntagebuch kann ich mein Lernerfolg dokumentieren.					
Das Lerntagebuch hilft mir dabei über meine Stärken nachzudenken.					
Das Lerntagebuch hilft mir dabei über meine Schwächen nachzudenken.					
Ich unterhalte mich mit meinen Mitschüler/innen über mein Lerntagebuch.					
Durch das Lerntagebuch kann ich besser über meine Lösungswege nachdenken.					
Durch das Lerntagebuch kann ich meine Lösungswege deutlicher aufschreiben.					
Ich benutze das Lerntagebuch zum Nachschlagen, wenn ich etwas nicht mehr weiß.					

-Wochenrückblick und Selbsteinschätzung-
Lerntagebuch zum individuellen Üben im Mathematikunterricht

Teil 2

Fragen:	sehr sicher	ziemlich sicher	unsicher	sehr unsicher	Bemerkungen:
Ich kann ein Koordinatensystem aufzeichnen.					
Ich kann ein Koordinatensystem beschriften.					
Ich kann Werte aus einer Tabelle in ein Koordinatensystem eintragen.					
Ich kann über die eingetragenen Wertepaare in einem Koordinatensystem eine Aussage treffen.					
Ich kann proportionale Zusammenhänge in Alltagssituationen beschreiben.					
Ich kann proportionale Zusammenhänge in Alltagssituationen berechnen.					
Ich kann proportionale Zusammenhänge in Alltagssituationen interpretieren.					
Ich verwende für proportionale Zusammenhänge unterschiedliche Darstellungsformen (Pfeildiagramm, Wertetabelle).					
Ich kann proportionale Zusammenhänge mit Hilfe des Dreisatzes berechnen.					

David Rose

Aufzeichnungen von Schülern des Eingangs-/ und Abschlusstests:

a) 2,09€
−1,99€
0,10€

Ja sie könnte die Pralienen für 1,99€ kaufen den sie hat 2,09€ übrig den 1,99€ passen in die 2,09€.

b)

1) Sie musste für das Brot 1,38 € bezahlen weil sie nicht nur ein Brot sondern 2 Brote gekauft hat.

2) Sie musste für den Gouda 1,60€ bezahlen weil sie nur 327g braucht und nicht 1 kg.

c) 2,09€
−1,59€
0,50€

Sie hat vor dem Einkauf 10,50€

d) Sie hat 10,60 € vor dem Einkauf und die 0,50€ in vier dann hatte sie möglicherweise 2× 0,20€, 2× 0,05€.

Überprüfung des Laufweges

Wie weit muss Paul laufen? Paul läuft 4km.

Er läuft um 15:00 los, wann ist er bei seiner Großmutter? Er ist um 16:00 bei seiner Oma.

Denk dir eine Geschichte aus, die zu diesen Graphen passt.

a = 150 m eines Drahtes kosten 5,30€ wie viel kosten dann 450 m? Es ist eine proportionale Zuordnung.

Freddy kauft für seine Goldfische Futter, auf der Dose steht, dass das Futter für 5 Goldfische, ... er hat aber nur 3 Fische. Wie lange hält das Futter? Es ist eine antiproportionale Zuordnung.

35 : 8 = 32 · x : 8

1.

a) Wie weit muss Paul laufen? Paul ist 4 km gelaufen.

b) Paul ist um 15 Uhr losgelaufen. Bei seiner Großmutter ist er um 16:05 angekommen.

c) Paul hat 10 Minuten gebraucht, um 1 km zu laufen. Er ist danach etwas langsamer gelaufen und hat in 20 Minuten noch 1 km geschafft. Dann hat er eine Pause gemacht die 10 Minuten gedauert hat. Dann ist Paul wieder schneller gelaufen und kam bei seiner Oma an.

2.

a) proportionale Zuordnung

b) antiproportionale Zuordnung

c) keine Zuordnung

3.

35 : 8 = 32 × 1 : 32

$\frac{35 \cdot 8}{32} = x$

$\frac{35}{4} = x$

8,75 = x

Antwort: Der Preis lautet 8,76 € für eine Person. Es ist eine antiproportionale Zuordnung. Je mehr Personen mitfahren, umso weniger muss man bezahlen. Je weniger Personen mitfahren, umso mehr muss man bezahlen.

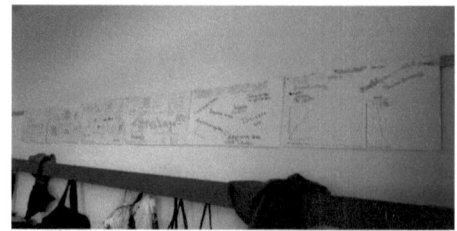

„Was habe ich gelernt?" - Plakate

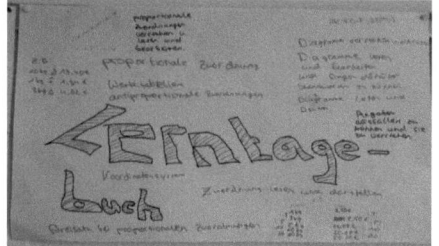

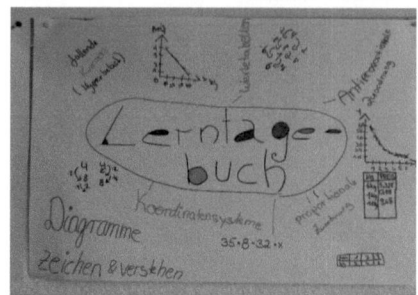